宜料理 宜

豬排與絞肉

豬排、肉丸、漢堡排、
鑲肉及肉末的活用料理

積木文化

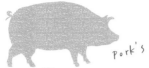

Pork's

Contents

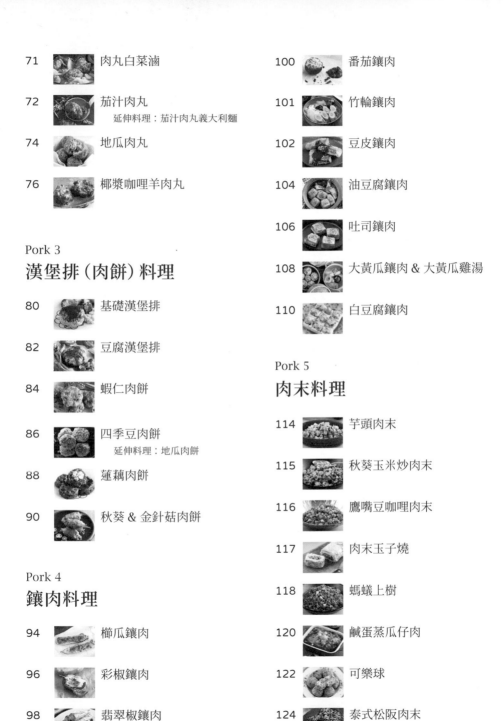

經驗分享是我的料理初衷

宜手作
YIFANG's handmade

　　從我開始上料理課至今，最大的收穫就是：看到學生上課時忽然心領神會的眼神，還有下課時對我不斷的感謝。我知道我讓他們對煮飯做菜這件事有了信心，讓他們願意花時間在廚房為自己、也為家人烹煮更多料理。

　　大家都說我不藏私，每堂三個小時的料理課，中間幾乎沒停過，也十分歡迎學員課堂提問，並且有問必答。其實我的想法很簡單，就是希望讓大家覺得「做菜並不難」。

　　家常菜不是餐廳級的大菜，掌握要領，就能輕鬆上手。在我自學料理的過程中，隨著烹煮次數越多，領悟也更多。偶爾也會有挫折，但也因為失敗的經驗，更能理解每個步驟的要點。

　　仔細看我的食譜，其實作法都很簡單，食材也容易取得，調味料更是大多只有鹽、醬油、糖，或許是學生時代做過太多科學實驗吧，我一直認為，料理不單單只是A＋B＝C，重點是了解食材的特性和掌握烹煮的順序，如此才能融會貫通，隨手就能燒菜作飯。

　　豬排課是我的課程中相當熱門的主題，課程不斷加開，也常常有人許願希望我能到外地教學，可是我工作多，且現階段還是以家庭為重心，能分配到外縣市的時間的確很少，因此和出版社討論後，決定先暫緩原本的出書計畫，將豬排課和一樣很受歡迎的絞肉課結合，這本書除了上課時的重點，還有更多食譜，期待能讓外縣市或國外、還有平日無法抽身前來上課的朋友們，都能一起學習。關於大家最想學的炸豬排與肉丸，書中也有超詳細步驟說明。

　　我把上課所教的技巧都寫在【宜料理】系列書中，適合新手、也適合在廚房遇到瓶頸的所有人，期待人人都能享受料理，開心下廚。

豬肉的
採購地點

對很多廚房新手來說，肉品採買是一件難事，以豬肉為例，一整隻豬從頭到尾都可以食用，到底要買那個部位來料理？要去哪裡買？又該如何挑選呢？以下就先來說說採購豬肉的地點（豬排與絞肉的選購請見各單元的介紹）。

菜市場

我最喜歡在傳統市場的豬肉攤買豬肉，只要說得出豬身上的部位，老闆都能馬上手一指說：「就這個，要幾斤？」或是直接跟老闆說：「我想要做台鐵便當那種排骨。」老闆也會傾身往前，伸手在擺滿豬肉的攤位上抓起一條帶骨大里肌問：「要幾片？」

和其他攤位的老闆一樣，豬肉攤老闆對於自己販售的食材有非常高度的專業，除了什麼部位適合什麼樣的料理之外，也會教你如何烹煮，實不相

瞞，我有很多的豬肉料理知識都是從各個菜市場的豬肉攤老闆身上學到的呢！

在豬肉攤買肉還有一個好處，就是能「客製化」，例如絞肉要絞幾次？要多肥多瘦？豬排要多厚？排骨要不要切等等，處理好後還會將肉包得整整齊齊，回家沒有馬上煮就可以直接放入冰箱冷凍或冷藏，非常方便。

然而菜市場肉攤比較讓人有疑慮的就是衛生問題，畢竟半夜就屠宰的豬隻，到中午還是曝曬在室溫下販售，加上人來人往的交談，的確會有細菌滋生的問題，但是現在很多市場有冷氣，有些地方的豬肉攤也有設置冰櫃，政府目前也在積極推廣肉攤使用冷凍櫃，可以期待的是，幾年後的傳統市場肉攤應該都能有這項設備。

菜市場豬肉選購建議
- 盡量選擇生意好的店家，買的人多，流量也快，放在肉攤上的時間也會較短。
- 買回家後馬上分裝保存，放入冷藏或冷凍，或是當天烹煮。

超市

　　超市的肉品也很齊全，以豬肉來說，產地與生產者的資料透明，分類越來越細，加上包裝乾淨與低溫存放，對不喜歡在傳統市場採買的人來說，是很好的選擇。超市購買肉品的缺點是無法完整符合需求，例如無法選擇分量、部位，以及絞肉油脂含量的多寡等等。

大賣場

　　大賣場和超市差不多，但一次要購買的量較大，回到家後一定要馬上整理分裝，便於日後使用，如果沒有大量的需求，建議肉品還是少量、適量購買。

肉品專賣店

　　近十年來，台灣有越來越多像歐美國家的肉品專賣店，簡單來說，就是等於把菜市場的肉攤搬到店裡，不但乾淨整齊，冷凍冷藏設備優良，不用擔心肉品在炎炎夏日的高溫下變質，販售者也很專業。這樣的店家同時也會進口其他高級肉品，例如伊比利豬等，提供消費者更多優質選擇。

美味豬肉
常用部位圖解

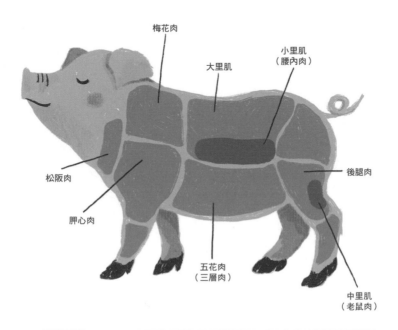

梅花肉
大里肌
小里肌（腰內肉）
松阪肉
胛心肉
五花肉（三層肉）
後腿肉
中里肌（老鼠肉）

胛心肉 油脂少，肉較硬，適合做絞肉。

後腿肉 肉硬，適合做加工食品，如貢丸、香腸、火腿。

老鼠肉 肉質嫩，清爽，適合滷或炒。

松阪肉 油花多，但不油膩，吃起來有爽脆感，適合蒸或烤。

帶骨大里肌 適合做帶骨豬排料理。

大里肌 口感扎實，肉不柴，適合做豬排。

小里肌 脂肪少，肉嫩，適合煎、烤。

梅花肉 油花分布均勻，適合做叉燒、豬排、火鍋肉片。

五花肉 油脂含量高，口感軟嫩，適合煎煮炒炸滷。

豬排
購買指南

如何選購

以外觀來說，豬肉要呈現色澤粉紅且有彈性，不該有令人不舒服的腐敗味。超市的豬肉都有認證標章，但要注意期限。傳統市場的豬肉攤除了外觀與氣味外，也要注意攤商本身與周圍的環境衛生。

常用豬排部位介紹

只要能將豬肉切成或做成排狀的形式都能稱為豬排，可依烹煮方式和個人喜好，選擇喜歡的部位來做豬排料理。

大里肌

位於背部脊椎兩側，肌肉緊實，口感扎實，肉片大，一般在餐廳裡吃的日式炸豬排和台式便當的帶骨豬排都是使用這個部位。

帶骨大里肌

和大里肌是相同部位，差別在有無帶骨。若骨頭更長沒有切斷，看起來像一把斧頭，則稱為「戰斧」。

小里肌

位於背部和腹部中間的一條肌肉，只佔一隻豬的2%，也就是常說的「腰內肉」或「豬菲力」，因最少運動到，所以脂肪少，但肉質軟嫩，適合做豬排料理。

梅花肉

位於豬的肩膀與上背，油花分布均勻，口感軟嫩且肉汁多，牙口較不好的人適合用這個部位來做豬排料理。

五花肉

位於豬背下方肚腩處，因為皮、油脂與肉分布清楚，所以也叫三層肉。五花肉的油脂比其他部位都要來得多，烹煮過後軟嫩多汁。

老鼠肉

位於後腿內部的老鼠肉又稱「中里肌」，和小里肌一樣，脂肪少肉質嫩，一隻豬只有兩小塊，是主婦們在肉攤爭搶的部位之一，晚點到市場可是會買不到的。

火鍋肉片

火鍋肉片購買方便，層層堆疊起來也可以變成豬排，發揮創意夾入不同食材，就是意想不到的豬排料理。

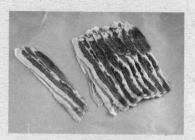

五花肉片

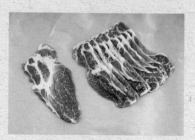

梅花肉片

松阪肉

位於豬頸部，在豬頰下方與下巴相連的部位。看起來油花多，吃起來卻不膩，而且口感脆，一隻豬只有兩片松阪肉，每片約250公克。

松阪肉

二層肉，外觀和松阪肉相以

買回來的豬肉要洗嗎？

大部分的肉類買回來都不需要清洗就能直接料理，目前台灣的超市與大賣場販售的肉品，從屠宰到包裝的過程都有品管，可以安心烹調。至於在傳統市場買回的肉品，除非是血水太多或是弄到髒污，才需要清洗，清洗的時候將水龍頭打開，以流動的水沖1～2秒即可，沖洗過後馬上用廚房紙巾擦乾就可以了。

炸豬排全解

斷筋 > 醃漬 > 裹粉 > 油炸 > 靜置

油炸是最常見的豬排料理方式，但也是很多人最挫折的料理時刻，到底該如何炸出香脆好吃的豬排？那些步驟需要注意？以下即是示範說明。

製作原則與注意事項

斷筋

豬排的外圍和內部多少都會有筋膜，如果沒有斷筋，豬排會在加熱過程中因蛋白質變性而捲起，不但炸過的豬排不好看，肉質也會變硬且不好吃。以大里肌為例，幾乎整塊豬排都被筋膜包覆住，在豬肉攤購買大里肌時，老闆通常會在整條大里肌的筋膜上劃幾刀斷筋，切片後還會拍打，消費者購買回來就能往下個步驟繼續處理。而超市買回的里肌豬排只有切片，沒有斷筋，因此油炸前一定要先做斷筋處理。

斷筋方法

用刀子將豬排邊緣白色部位每隔1～2公分切斷。有些人甚至會將整個白色的筋全部切除。

除了邊緣的白色筋膜，豬排本身也需要斷筋，一般家庭通常沒有斷筋器，建議可以使用刀尖或叉子在豬排上逆紋戳數次。

豬排上可以看到白色線狀的筋，若筋為橫向，則直向斷筋。松阪肉表面的筋多又明顯，建議用刀在表面輕輕劃過，以達到較好的斷筋效果。

用菜刀拍打豬排，也能讓肉片斷筋。也可以在豬排表面鋪上一層保鮮膜，用擀麵棍拍打。

醃製

想讓豬排好吃，事先的醃漬入味很重要，除了去腥，調味料滲透到肉之後會讓肉有味道，如此才能讓豬排與沾醬味道融合，或是即使不沾醬就很有滋味。要是等炸好後再撒鹽或沾醬，會發生只有沾到醬汁的外皮有味道，而裡面的肉完全沒味道的尷尬口感。而且醃漬也能改變肉的結構，達到類似斷筋的效果。

醃漬分乾醃和濕醃兩種方式

乾醃

- 在豬排表面撒鹽或風味鹽，例如：鹽＋胡椒粉，或鹽＋香料粉。

- 在豬排兩面撒鹽，讓鹽滲透，和豬排內的水分交換，可以把豬肉有腥味的水分析出而達到去腥的效果。

- 鹽的分量大約為豬排重量的1%，或是依各人喜好增減。

- 如果炸好的豬排要淋豬排醬或其他醬汁，醃漬時的鹽請不要超過1%。

- 醃漬時間大約10分鐘。

- 醃好後的豬排若表面釋出很多水分，建議用廚房紙巾將水分吸乾，料理後的口感會更清爽。

濕醃

- 用液態的調味料醃漬，例如醬油＋米酒，或醬油＋蛋液。

- 有些醃醬可能是鮮奶或優格或其他醬汁，因醬料作用不同，醃漬的時間也會不一樣，如果是較長時間的醃漬，請記得一定要放冰箱冷藏。

- 濕醃時要讓肉片均勻沾附醬汁，可以用有點深度又不會太大的保鮮盒，如此醬料就不需使用太多。

- 最方便且省醬汁的方式是將肉片與醃醬放入夾鏈袋內，再將空氣擠出即可。

裹粉

肉類裹粉通常是為了鎖住肉汁，讓肉在烹調過程中不會因加熱失去太多水分而變得乾硬，炸豬排時油溫非常高，因此裹粉的步驟不能少。濕醃的豬排本身已有醬汁沾附，因此可直接沾粉。

裹粉三步驟

乾醃的豬排最基礎的裹粉方式就是俗稱的「過三關」，以日式炸豬排為例，肉排依序沾附麵粉、蛋液、麵包粉等三步驟。

第一層：麵粉

麵粉沒有特別指定筋度，用一般的中筋麵粉即可。豬排表面裹上麵粉後輕輕拍打，只需薄薄一層就好。此層的麵粉也可以用太白粉取代。

麵粉與太白粉的差異

• 麵粉的筋度越低，口感就越酥脆，但在烹煮豬排料理時所使用的粉並不多，因此除非很在意酥炸後的口感，否則使用家中最常見的中筋麵粉就好。

• 太白粉可以讓肉片在煎過後有光澤感，且口感滑嫩，當成炸粉也有酥脆的作用，不過炸過之後的顏色較淺。

第二層：蛋液

蛋液請先打勻。用一隻手將豬排兩面在蛋液內來回沾附數次，接著馬上沾裹麵包粉。

第三層：麵包粉

將豬排放在麵包粉上，用另一隻乾的、沒有碰到蛋液的手抓起一些麵包粉撒在豬排上，讓豬排表面均勻沾上麵包粉，最後用手稍微將豬排用力壓一下，讓麵包粉與肉排完全黏合，炸的時候才不易皮肉分離。此層的麵包粉也可以用地瓜粉取代。

麵包粉與地瓜粉的差異

- 麵包粉油炸過後會膨脹，讓豬排看起來分量更大，視覺上的飽足感很夠，且因形狀與其他粉類不同，咬起來的酥脆度也很好，不過麵包粉容易焦，油炸時要注意時間與油溫的控制。

- 地瓜粉是台式料理中常用到的粉料，因為顆粒大，炸過後視覺效果很好，口感也酥脆，適合用在炸物料理。

油炸

準備要將豬排放入油鍋了，但在下鍋前，有些重點一定要先掌握。

油品的選用

市面上的油品這麼多，並不是每一種都適合高溫烹調。油炸的溫度大約介於攝氏160度至200度，這是非常高的溫度，因此請選擇發煙點高、穩定度佳的油品，例如冷壓初榨橄欖油、玄米油、葡萄籽油、酪梨油、高油酸葵花油、高油酸芥花油等。

鍋具的選擇

- 鍋具必須是能耐高溫的材質，例如不鏽鋼鍋或鐵鍋。不可使用不沾鍋。

- 不要使用太大的鍋具，才可以減少油的使用量，建議用小且深的耐熱鍋具來炸豬排，油炸的時候如果能將要炸的食物完整浸泡在油鍋裡最理想，食材均勻接觸油溫，炸好後會比較好看，也比較好吃。

- 如果想省油，也可以使用耐熱平底鍋，因為豬排是扁平狀，可用半煎炸的方式油炸，在鍋內放入約1～2公分高的油，先炸一面，炸到金黃後再翻面。

豬排下鍋的時機

- 油鍋加熱至一段時間，感覺油已經變熱時，可以將盤子裡或裹在豬排上的麵糊丟一點至油鍋，如果麵糊下沉，表示溫度還不到。

- 若麵糊一丟下去馬上浮起，旁邊也有小泡泡，則為適當溫度，此時大約為攝氏160～170度左右。

- 麵糊丟下後馬上快速浮起且顏色變深色或甚至焦黑，表示油溫過高，已超過攝氏180度以上，此時請立即關火，必要時可再加點新油降溫。

- 放入豬排時請用手或夾子抓住豬排的一邊，輕輕的將豬排放入，再輕輕地放手，這樣就不會讓油噴上來，也不會危險。

- 最怕的是有些人對油炸的恐懼感太高，將要炸的食物用丟的投入油鍋，這樣很容易讓油噴上來，既危險又容易受傷。如果噴出的油順著鍋子滑下至爐火，很有可能引起大火。不可不慎。

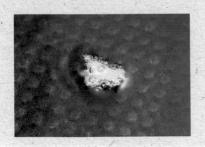

火候與時間的掌控

起一鍋新油時可以先開大火，讓油溫上升快一點，待油溫達到適當溫度（170度左右），將豬排放入，因豬排是冷的，剛放入油鍋會讓油溫稍微降下，豬排放入後再轉中火，如果豬排厚度大於2公分則轉中小火，炸到豬排表面金黃就表示豬排內部差不多熟了。

(1公分左右的豬排大約炸3分鐘)　　(2公分左右的豬排大約炸4分鐘)

增加豬排的酥脆度

• 起鍋前搶酥可以增加豬排的酥脆度。什麼是搶酥？就是將炸好的食物放入溫度較高（約180度）的油鍋裡短時間油炸，用高溫將炸物表面多餘的油逼出，讓炸物更酥脆。

• 以1公分厚度的豬排為例，約炸3分鐘，豬排表面炸至金黃時，將爐火開至大火，再炸約30～60秒即可取出。注意：要全部豬排夾出油鍋後再關火。

• 如果一次要炸很多片豬排，建議每批都先炸到表面金黃，取出靜置，最後再轉大火，將炸好的豬排再次放入炸鍋搶酥。我們在鹽酥雞攤就能看到這樣的處理方式，店家會先將食物炸熟，客人點餐後再放入高溫的油鍋搶酥，這樣就能吃到酥脆的鹽酥雞了。

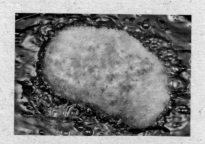 

- 如果選用的是較高等級的油，且只炸少許食物，可以在油炸後，讓油溫降至室溫，取一玻璃瓶，瓶口放濾斗，用咖啡濾紙將油過濾，過濾後的油可以拿來炒菜，但不建議再炸。可放置於陰涼處或冷藏，超過一週或有油耗味就不要再使用。

- 廢棄油不能直接倒入排水溝丟棄，可在垃圾車來的時候告知有廢油需要回收。或是使用「廢油凝固劑」，油炸完畢後將廢油凝固劑投入油鍋中，過一段時間油會凝固成塊狀，如此就可以直接丟棄在一般垃圾袋內了。

靜置

剛炸好的豬排請放在網架上靜置2～3分鐘，不要馬上切開食用，讓多餘的油瀝乾，也讓外層的溫度繼續往豬排內循環，如此可保存更多肉汁。豬排靜置在網架上，不要堆疊，也能讓豬排表面的水氣散開，讓表皮更加酥脆。

\ 垂涎三尺 /
豬排料理

坊間的自助餐或餐廳，無論台式、西式或日式，都能見到各種豬排料理，我的眾多料理課中，豬排課的加開率也相當高，僅次於飯糰課，由此可見豬排料理十分受到大眾喜愛。

豬排料理 Q & A

Q
豬排買回家後要冷藏還是冷凍？

買回家的豬排請馬上放入冰箱冷藏，如果不是當天料理，或一次購買多片，可以放入冷凍庫。冷凍時請將豬排一片一片分開放入塑膠袋裡，或是用烘焙紙隔開，待豬排已完全冷凍再疊起。

Q
豬排烹煮前如何退冰？

• 烹煮前要先將肉退冰至室溫，建議可以前一晚將肉放入冷藏慢慢退冰，或是將肉放在盤子或料理盆上，在室溫下退冰。退冰時會有水分釋出，因此放置的容器要

有一點深度。

• 從冷凍庫拿出來的肉，如果退冰時間不夠，會形成外圍已解凍、中心還是結凍的不均勻狀態，內外溫差大，肉質狀態就會不同，烹煮後會影響整塊肉的品質。

• 退冰時不要將肉堆疊，盡量一片一片攤平，也能減少退冰的時間。

• 如果需要快速退冰，請將肉片放在塑膠袋中，用流動的水沖泡即可。

• 千萬不要為了加速退冰而用溫水或熱水解凍，如此等於直接在未解凍的狀態下烹煮，除了口感變差外，若沒有馬上料理，也容易滋生細菌。

PORK 01

日式炸豬排

材料 2人份

大里肌豬排·2片
（1.5公分厚）
鹽·2小匙
白胡椒粉·1小匙
麵粉·2大匙
蛋液·2顆
麵包粉·2大匙
高麗菜·50公克
豬排醬·適量

作法

1 高麗菜洗淨後泡冰水20～30分鐘，取出後瀝乾切細絲。

2 大里肌豬排斷筋後拍打，撒鹽和白胡椒粉，靜置10分鐘。

3 依序將作法②裹上麵粉、蛋液、麵包粉，放入170度的油鍋，炸到兩面金黃後取出。

4 將作法①切好的高麗菜絲鋪在盤中，擺上作法②炸好的豬排，淋上豬排醬即完成。

Point

讓高麗菜保持清脆的方法

• 將高麗菜葉片撥下，泡在冰水裡30分鐘，泡好後瀝乾或擦乾，再切成細絲，如此可以讓高麗菜口感脆又好吃。

• 切成細絲的高麗菜可以放在保鮮盒內，最上層蓋上沾濕的廚房紙巾，再蓋上蓋子，放入冰箱冷藏，隔天就能依然爽脆。

延伸料理 1

>> 豬排咖哩飯

2人份

主材料：日式炸豬排 1 片

白飯‧1 碗

咖哩醬‧適量

作法

a 將白飯倒扣在盤中。

b 炸好的豬排切塊放在白飯上，再淋上咖哩醬即可。

延伸料理 2

>> 豬排三明治

2人份

主材料‧日式炸豬排 1 片

吐司‧2 片

奶油‧適量

高麗菜絲‧適量

豬排醬‧少許

作法

a 吐司烤好抹上奶油，鋪上高麗菜絲和豬排。

b 在作法ⓐ淋上豬排醬，用另一片土司夾起就完成了。

延伸料理 3

>> 繽紛炸豬排

2人份

主材料：日式炸豬排 1 片

番茄‧30 公克

洋蔥‧30 公克

小黃瓜‧30 公克

糖‧3 大匙

鹽‧1 小匙

蘋果醋‧3 大匙

高麗菜絲‧適量

作法

a 將糖、鹽、蘋果醋放入料理盆，拌勻。

b 番茄、洋蔥、小黃瓜切小丁，放入作法ⓐ的料理盆內備用。

c 在盤中鋪上高麗菜絲，將豬排切片後擺上，淋上作法ⓑ即完成。

台式炸豬排

材料 2人份

帶骨大里肌 · 2 片

A
| 蒜片 · 3～5 片
| 二砂糖 · 1/2 大匙
| 醬油 · 2 大匙
| 米酒 · 2 大匙
| 蛋白 · 1 顆

地瓜粉 · 3 大匙

胡椒粉 · 適量

作法

1 將〔A〕放入調理盆拌勻，帶骨大里肌斷筋拍打後放入醃20分鐘。

2 作法①醃好後取出，表面沾滿地瓜粉（圖1、2），靜置2分鐘，讓地瓜粉和肉緊密結合（反潮，圖3）。

3 平底鍋放入約2公分高的油，油溫達170度時放入作法②，炸到兩面金黃後取出。

4 撒上胡椒粉即可食用。

Point

· 帶骨豬排是古早味台式豬排的特點，但骨頭附近的肉較不易煎熟，因此油的分量盡量以能覆蓋骨頭較好。

· 帶骨豬排的骨頭邊緣粗糙，料理時會刮傷容器，所以請選用耐刮的鍋具，例如鐵鍋或不鏽鋼鍋，千萬不要用不沾鍋或琺瑯鍋，也可以直接購買沒有帶骨的大里肌肉片來料理即可。

· 將台式炸豬排放入滷汁調味，就是鐵路排骨便當裡的經典排骨，作法請參見下頁。

1

2

3

>> 鐵路排骨便當

2人份

主材料：台式炸豬排 2 塊

薑‧3 片

蒜‧3 瓣

蔥‧1 支

大辣椒‧1 支

冰糖‧1 大匙

醬油‧30ml

醬油膏‧30ml

米酒‧100ml

水‧400ml

水煮蛋‧2 顆

豆干‧2 片

酸菜‧80 公克

薑末‧1 小匙

辣椒‧半根

二砂糖‧1 大匙

醬油膏‧1/2 大匙

高麗菜‧半顆

紅蘿蔔絲‧適量

蒜片‧3 片

鹽‧適量

作法

a 薑、蒜、蔥、辣椒爆香，加入冰糖、醬油、醬油膏、米酒和水（圖1），煮成滷汁。

b 作法ⓐ的滷汁滾了之後轉小火，放入水煮蛋和豆干滷30分鐘（圖2）。

c 酸菜洗淨泡好後瀝乾，切絲。辣椒切小段。

d 炒鍋內爆香薑末，放入作法ⓒ的酸菜、辣椒，加入二砂糖和醬油膏，炒勻即完成。

e 高麗菜洗淨，切小片，炒鍋內爆香蒜片，放入紅蘿蔔絲和高麗菜，加鹽調味，炒到喜歡的軟度即可。

f 取出作法ⓐ中滷好的蛋與豆乾，再將台式炸豬排分別放入作法ⓐ的滷汁中滷5分鐘即可取出。

g 滷蛋對切，豆乾切片與作法ⓕ的滷排骨及作法ⓓ、ⓔ的酸菜與高麗菜都放入便當即完成。

Point

滷過排骨的滷汁可以拿來滷海帶或雞翅都很好吃。

1　　　　2

PORK 03

起司豬排

材料 2人份

大里肌豬排・2片（1公分厚）

起司片・1片

鹽・2小匙

白胡椒粉・1小匙

麵粉・2大匙

蛋液・2顆

麵包粉・2大匙

作法

1　大里肌豬排拍打斷筋，撒鹽和白胡椒粉後靜置。

2　工作檯上放一片大里肌，起司片對切後疊在一起放在肉片中央，上層再鋪上另一片豬排。兩片豬排黏合後要將邊緣用手壓緊。

3　依序裹上麵粉、蛋液，再裹一次麵粉和蛋液，最後裹上麵包粉。

4　放入170度的油鍋裡，炸到表面金黃即完成。

Point

麵粉和蛋液裹兩次的原因：因起司受熱會融化，若肉片沒有用麵粉和蛋液封好，起司會流出而失敗，油鍋內的油也會因此變質並焦黑。

PORK 04

薑汁豬排

材料 **2人份**

小里肌豬排・4 片

A
醬油・1 大匙
二砂糖・1 小匙
米酒・1 大匙
薑泥・2 小匙

太白粉・適量

作法一（裹粉的煎法）

1　將［**A**］放入料理盆拌勻。

2　將小里肌豬排拍打斷筋，表面沾裹太白粉（圖1）。

3　平底鍋加熱，加油，放入作法②。

4　豬排煎至七分熟後將作法①的醬汁倒入（圖2），煎到收汁即完成（圖3）。

1

2

3

作法二（不裹粉的煎法）

1　將［**A**］放入料理盆拌勻。

2　小里肌豬排拍打斷筋後放入［**A**］，醃10分鐘。

3　鍋子加熱，放入比平常煎肉多一點的油，開大火至鍋中冒煙。

4　放入作法②（圖1），煎30秒，翻面，馬上轉小火，再煎1分鐘即完成（圖2、3）。

1

2

3

PORK 05

烤味噌松阪豬排

材料 **2人份**

松阪豬排・150 公克

A {
味噌・1 大匙
二砂糖・1/2 大匙
醬油・1 小匙
米酒・1 大匙
}

作法

1 用刀在松阪豬排上以逆紋方向劃過，斷筋，再用叉子戳肉數次。（圖1、2）

2 將［**A**］放入夾鏈袋中拌勻，再將作法①的肉片放入（圖3），擠出空氣，封好夾鏈袋，放入冰箱冷藏4小時或隔夜。（圖4）

3 取出作法②，放在烤盤上，表面抹上一層橄欖油（或耐高溫的油），醬汁也可以全部倒入烤盤，送入預熱至230度的烤箱，烤10～12分鐘。

4 烤好後可以整塊或切薄片食用。

Point

• 松阪肉紋路明顯，容易分辨，如果是橫向，則縱向直切斷筋，用刀輕輕劃過就好，不要切斷。

• 使用夾鏈袋醃肉可以減少醬汁的使用量，只要將空氣擠出，就能讓醬汁完整沾覆在肉上。

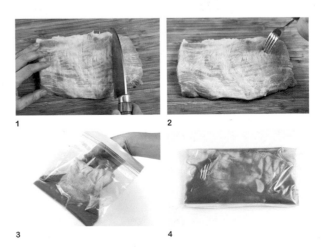

1

2

3

4

PORK 06

柚子肉片煎豬排

材料 **2人份**

豬火鍋肉片・180 公克

A
柚子鹽・2 小匙
二砂糖・1 小匙
米酒・1 小匙
香油・1 小匙

麵粉・適量

作法

1 將 ［**A**］ 放入料理盆拌勻。

2 豬火鍋肉片退冰後，放入作法①醃10分鐘。

3 平底鍋加熱，加一點油。

4 取適量醃好的作法②，放在掌心捏緊（圖1），將空氣擠出，表面沾裹麵粉（圖2），用半煎炸的方式將肉煎熟（圖3、4）。

Point

用剩餘的火鍋肉片就能完成此道料理喔！除了柚子鹽，也可以試試其他的風味鹽，如紫蘇鹽，就能創造出不同的驚喜口味。

1

2

3

4

PORK 07

紫蘇豬排

材料 2片

梅花肉片・10 片
鹽・適量
白胡椒粉・適量
紫蘇・8 片
麵粉・2 大匙
蛋液・1 顆
麵包粉・2 大匙

作法

1 紫蘇洗淨後擦乾。

2 取一片梅花肉片，平鋪在料理檯上，撒上少許鹽和白胡椒粉，鋪上一片紫蘇，再鋪上一片肉片（圖1、2），如此重複4次。另一份也是相同作法。

3 將作法②的豬排依序均勻沾裹麵粉、蛋液、麵包粉。

4 平底鍋加熱，倒入1～2公分高的油，油溫至170度時放入作法③的豬排，兩面各炸3分鐘即可。

1   2

延伸料理

2人份

>> 海苔豬排

主材料：梅花肉片 10 片

海苔・8 片

作法

將上述作法②的紫蘇以海苔取代，後續作法與紫蘇豬排相同。

PORK 08

紫蘇豬排捲

材料 `6捲`

梅花肉片・6片

紫蘇・6片

A ｜ 醬油・1/2 大匙
｜ 米酒・1/2 大匙
｜ 味醂・1/2 大匙

作法

1 紫蘇洗淨後擦乾。

2 梅花肉片鋪在工作檯上,再鋪上紫蘇,捲成直筒狀(圖1、2)。

3 平底鍋加熱,加一點油,放入作法②捲好的紫蘇豬排捲(接合處朝下擺放,圖3),煎到八分熟,將[A]倒入(圖4),煎到收汁即完成(圖5)。

1
2
3
4
5

延伸料理

`2人份`

>> 海苔豬排捲

主材料:梅花肉片 6 片

海苔・6 片

作法

將上述作法②的紫蘇以海苔取代,後續作法與紫蘇豬排捲相同。也可以將煎的方式改成油炸。

PORK 09

千層豬排

材料 2捲

梅花肉片・6 片
鹽・適量
白胡椒粉・適量
麵粉・2 大匙
蛋液・1 顆
麵包粉・2 大匙

作法

1 取一片梅花肉片鋪在工作檯上，撒少許鹽和白胡椒粉，由一邊捲起，快到尾端時再疊上另一片肉片（圖1），繼續捲，如此重複2次，捲成圓筒狀。

2 將作法①依序均勻沾裹麵粉、蛋液、麵包粉。

3 作法②放入170度的油鍋（圖2），炸到金黃後取出。

Point

家中有幼兒或是牙口不好的老人，可以利用肉片堆疊的方式來做豬排，捲起來的豬排看起來雖然厚，但每片肉片都很薄且分開，較不會乾硬也容易入口。

1

2

延伸料理1

>> 泡菜千層豬排

主材料：梅花肉片 6 片

泡菜．適量

作法

a 將泡菜的水分盡量擠乾。

b 取一片梅花肉片鋪在工作檯上，放入泡菜，由一端捲起，後續作法與千層豬排相同。

延伸料理2

>> 烏魚子千層豬排

主材料：梅花肉片 6 片

烏魚子．30 公克

作法

a 烏魚子切成長條狀，或是片狀。

b 取一片梅花肉片鋪在工作檯上，放入切好的烏魚子，由一端捲起，後續作法與千層豬排相同。（圖1、2）

1　　　　　2

PORK 10

韓式五花豬排

材料 **2人份**

五花肉・180 公克
鹽・2 小匙
黑胡椒粉・1 小匙
蒜片・5～6 片

A | 韓式辣醬・1 大匙
味噌・1 小匙
醬油・1 小匙
糖・1 小匙

萵苣（或芝麻葉）・5 片

作法

1 五花肉每隔0.5公分切一刀（圖1），撒鹽和黑胡椒粉，靜置10分鐘。

2 平底鍋加熱，不加油，放入醃好的作法①（圖2），煎到兩面金黃，取出。油鍋中再放入蒜片，利用逼出的油脂將蒜片煎香。

3 將［**A**］混合均勻。

4 取一片萵苣或芝麻葉，放上一片作法②的豬排、蒜片，再淋上1小匙作法③，包起食用。

1

2

豬絞肉

購買指南

如果沒有特別指定需求，豬肉攤一般都會使用胛心肉或後腿肉來做絞肉。對絞肉口感較在意或是需用於特定料理，則可跟豬肉攤老闆指定，挑選好肉塊後再請老闆幫忙絞。如同一般豬肉的挑選，外觀應該呈粉紅色澤且有彈性。

常用絞肉部位介紹

胛心肉

位於豬的肩胛下方，屬於豬前胸的位置，特點是油脂少，瘦肉多，是最常拿來做絞肉的部位。

後腿肉

和胛心肉一樣，常被拿來做絞肉，這部位的肉油脂更少，若喜歡全瘦肉的絞肉料理，可選用後腿肉。

左邊為粗絞，右邊為細絞（以下皆同）

memo

胛心肉和後腿肉油脂少，通常為了讓烹調過後的口感較好，在購買豬絞肉時都會請老闆加一點豬油一起絞。以水餃內餡為例，通常是七三比，意思是肉70%，豬油30%；肉丸則建議八二比，肉80%，豬油20%。

梅花肉

豬肉上肩胛部分，油脂分布均勻，做絞肉時不用另外加豬油，絞好後的絞肉肥瘦剛好，適合各種絞肉料理，但此部位價格比胛心肉和後腿肉高。

五花肉

- 豬的肚腩部分，油脂含量最高，如果要用全五花來做絞肉，可以選擇五花肉後端油脂較少的部分，比較不油膩。

- 想做爆漿湯餃或小籠包，可以將五花肉和瘦肉五五分一起絞。

- 肉燥也適合選用五花肉，建議連皮一起絞，煮好的肉燥會有膠質感，油多且香。

松阪肉

位於豬頰，此部分非常Q彈，喜歡口感脆脆有咬勁，可以將松阪肉絞成肉末，炒過之後非常好吃，不過這部位的價格更高一些。

memo

肉要粗絞還是細絞？

這裡指的是選擇絞肉機的孔洞粗細及絞肉的次數，絞的次數越多，斷筋效果會更好一點，但絞肉機效果不見得理想，所以建議粗絞一次後，再回家自己斷筋。（請參見P.56肉丸與漢堡排（肉餅）全解）

保存

絞肉是將肉塊切碎絞斷，因此接觸到空氣的面積更多，非常容易腐壞，尤其在傳統市場的豬肉攤，絞肉暴露在空氣與高溫中更久，因此買回家若沒有馬上料理，一定要盡快放入冰箱冷藏，也要盡早食用。一次購買較多絞肉或短時間無法料理，可將絞肉冷凍。

料理前

- 依每次可能使用的分量以塑膠袋分裝（小包裝或是用筷子分隔成兩份）。
- 盡量攤平。結凍前不要堆疊在一起，等結凍後再堆疊。

料理後

- 做好的肉丸可以直接裝袋放入冷凍保存。
- 漢堡排如果不是當天要吃，建議可先將絞肉和食材拌勻，整團放入冷凍，要料理的時候退冰，退冰後用手塑形再煎。

肉丸與漢堡排（肉餅）全解

温度掌控 > 斷筋 > 加鹽與拌勻 > 加水粉油蛋 > 摔打 > 整形 > 沾粉

肉丸與漢堡排（肉餅）是非常受喜愛的料理，也是帶便當時常見的菜色，但在製作過程中常會發生散開、破裂或是烹煮完之後乾柴不好吃的窘況，如何能做出漂亮、好吃又不柴的肉丸與漢堡排（肉餅），以下就是原則與技巧。

製作原則與注意事項

温度掌控

絞肉是整塊肉被大幅度破壞後的結果，肉與油脂都是斷裂狀態，如果存放與製作過程中温度過高，則油脂容易融化，烹煮時油脂會大量流出，烹煮後口感會變得乾硬。因此在製作肉丸或漢堡排時，絞肉可以從冷藏直接拿出來使用，在烹煮加熱前的處理過程中，也要盡量維持低温。

斷筋

• 買回的絞肉雖然已是絞過的狀態，但大多還帶有筋性，且絞得不均勻，建議先放在砧板上，用刀來回剁數次斷筋。

• 超市購買的絞肉通常瘦肉部分較多，建議可以順便買五花肉，放在砧板上剁細斷筋，依自己喜歡的比例混合。

加鹽與拌勻

- 加鹽能改變肉的結構，有類似斷筋、改變蛋白質的效果。

- 加鹽和調味料後用手將肉抓勻，讓肉產生黏度，肉有黏度，則料理過程中就不易散開。此步驟需攪拌至絞肉撥開有網狀的感覺才算拌勻。

- 雙手是料理時最佳工具，但因手的溫度較高，容易將絞肉內的油脂融化，因此請盡量保持低溫，必要時隔冰水拌勻。

加鹽

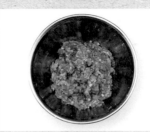

拌勻前

用手拌勻

拌勻後

拌至有網狀狀態

必要時隔冰水拌勻

加水

在絞肉中加點水，讓肉的水分含量多一點，口感也會比較濕潤，在中式料理中俗稱「打水」。不過水的分量不可太多，太多會造成反效果，每次加一點點就好。

加油

有些肉丸食譜會在絞肉中加油，例如香油或橄欖油，除了能增加肉丸的香氣外，也能增加滑順的口感。

加粉

整團絞肉烹煮後容易太硬，絞肉中加入粉料可以改善口感，增加彈性，製作時也能較好捏塑成型。粉料包含麵粉、太白粉或麵包粉都可以，依不同料理決定。

加蛋

蛋液可以先打勻再加入肉裡，蛋能增加絞肉黏性，並提高營養價值及鮮味。如果絞肉的量較少，加一整顆蛋就會太濕滑，無法捏成型，這時就只要加蛋黃就好。

摔打

將調好味的絞肉放入料理盆中，抓起整團肉往盆內摔打，重複數次，讓肉的口感更扎實有彈性。

拋甩

取適量絞肉在兩手間互甩，將空氣排出，會讓烹煮後的肉形較完整。

整形

絞肉拌勻之後，將雙手沾點油（肉才不會黏在手上），再捏成所需要的形狀。

沾粉

如果還是擔心在烹煮時肉丸或漢堡排變形，可以在外層沾裹一層薄薄的麵粉，確保肉丸或漢堡排的完整。

烹煮方式

捏好的肉丸與漢堡排有各種不同的烹煮方式，如炸、煎、煮、蒸，在這些料理方式中，無論是火候控制或加熱時間，都會影響最後的口感。

炸

- 鍋具與油品的選擇請參見p.24。

- 選用小且深的耐熱鍋具，加入油，油的高度要能蓋過肉丸，開大火將油加熱至攝氏170～180度左右，可以將筷子放入油鍋的正中央，筷子旁有起泡泡則表示已達適當溫度，此時將肉丸輕輕放入油鍋內，當表面變色或變硬後轉成中小火，炸約3～4分鐘即可取出，放在網架上靜置瀝油。

- 先用大火與高溫炸肉丸是為了先將肉丸定型，同時鎖住肉丸內的油脂與水分，待定型後再轉中小火，慢慢將肉丸炸熟。

煎

- 鍋子加熱，加入油，等油熱之後再將肉丸或漢堡排放入，也是要先將表面煎熟，翻面時請小心，輕輕翻動即可，不要將肉丸或漢堡排弄破了。

- 煎的時間依肉丸或漢堡排大小而有不同，一般煎熟大約需要5～7分鐘。如果擔心不熟，過程中可以沿鍋緣加入少許酒或水，再蓋上鍋蓋，讓蒸氣將肉悶熟。

- 肉排外形扁平，適合用煎熟的方式，肉丸子則因為是圓形，用煎的容易受熱不均，且容易改變原本的形狀，建議以油炸方式。

煮

- 湯鍋內裝水，水的高度要能蓋過肉丸，水滾的時候再將肉丸放入，利用高溫先將肉丸定形，並鎖住油脂與水分，待肉丸浮起後以小火滾煮 3 ～ 4 分鐘即完成。

- 煮過肉丸的水請不要丟棄，加點蔬菜，就是美味的豬肉高湯。

- 除了水煮，用醬汁或滷汁也可以將肉丸煮熟，同時將肉丸的肉汁與醬汁做完美結合（請參見p.75 茄汁肉丸）。

蒸

- 將捏好的肉丸放入盤子或蒸籠裡，放入電鍋將肉丸蒸熟即可。

- 沒有電鍋可以使用有蓋的湯鍋，鍋內加水，放上層架與肉丸，蓋上鍋蓋，開火將水煮滾，一樣可以達到蒸的效果。

- 蒸的時候會釋出水分與油脂，建議用有深度的盤子裝肉丸，以免將蒸籠或鍋具弄髒。

- 蒸後釋出的湯汁也是高湯，可以和肉丸一起享用，或是拿來煮湯（請參見p.111大黃瓜鑲肉）。

2

\ 用途最廣 /

肉丸料理

在各種絞肉食譜中，我最推薦的就是肉丸，肉丸的作法簡單，呈現方式多元，運用也廣，最棒的是可以一次先做好一些，放入冰箱冷凍，需要時隨時取用，非常方便。

肉丸料理 Q & A

Q
除了豬肉外，其他肉類也可以拿來做肉丸嗎？

可以，只要是絞肉，都能拿來做肉丸，但要以每種肉與選用部位的特性來決定。建議可用混合的方式，例如牛絞肉油脂多，可以和豬絞肉加在一起。雞絞肉容易乾柴，可以搭配豬五花絞肉。有人怕羊肉腥味太重，也能加入不同比例的豬肉搭配。魚或蝦也能剁碎後和絞肉混合成肉丸或其他絞肉料理。

Q
肉丸和漢堡排相同嗎？

除了外型，兩者的確很相似，但大多時候肉丸做出來的體積較小，於是加熱時間與烹調方式也會和漢堡排不同。不過這也是絞肉料理很好利用的地方，我們只要將絞肉的前置處理與調味做好，後續就可以依需求做出肉丸或是漢堡排了，形狀不同，就會有更多不同的變化。

Q
除了混搭不同肉類的絞肉，還可以添加什麼以增加口感變化？

蔬菜也可以和肉丸做很好的搭配，例如書中示範的馬鈴薯泥、芋泥或地瓜泥，和絞肉搭配可以讓口感更綿密。製作獅子頭時也會添加洋蔥或荸薺來增加脆度。

PORK 11

基礎肉丸

材料 20 顆

豬絞肉・500 公克

A | 鹽・2 小匙
白胡椒粉・1 小匙
薑末・5 公克

蛋液・1 顆

太白粉・2 大匙

香油・2 小匙

麵粉・1 大匙

作法

1　絞肉放在砧板上，用菜刀來回剁數次斷筋。（圖1）

2　將作法①的絞肉放入料理盆，加入［A］，用手將肉拌勻至產生黏度。

3　倒入蛋液，加入太白粉和香油用手拌勻。

4　將整團肉拿起，再用力摔回盆中，如此重複10次。

5　雙手沾點油，取適量捏成一口大小，共20顆。（圖2、3）

6　起油鍋，油加熱至180度，將作法⑤輕輕放入鍋內（圖4），待肉丸表面變色或變硬（圖5），轉中小火，炸約3～4分鐘即可取出（圖6），放在網架上靜置即完成。

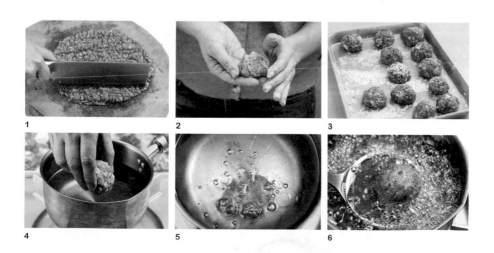

1　　2　　3

4　　5　　6

糖醋肉丸

材料 2人份

基礎肉丸 · 10 顆

蒜末 · 1 小匙

洋蔥 · 1/2 顆

紅椒 · 1/2 顆

黃椒 · 1/2 顆

青椒 · 1/2 顆

A
鹽 · 2 小匙
番茄醬 · 1 大匙
白醋 · 1 大匙
糖 · 1/2 大

作法

1 從冷凍庫取出肉丸後退冰至室溫。

2 洋蔥和紅、黃、青椒洗淨後切塊。

3 鍋子加熱,加油,放入蒜末和作法②的洋蔥爆香,再放入作法①的肉丸拌炒。

4 加入 [A] 調味,放入作法②切好的彩椒,炒勻即完成。

PORK 13

起司肉丸通心粉

材料 2人份

基礎肉丸‧10 顆

通心粉‧70 公克

蘑菇‧5 朵

奶油‧20 公克

中筋麵粉‧10 公克

鮮奶‧100ml

鹽‧2 小匙

黑胡椒粉‧1 小匙

起司片‧2 片

作法

1 從冰箱取出肉丸後退冰至室溫。

2 通心粉依包裝指示煮熟，煮好後用冷水沖洗，瀝乾。蘑菇對切。

3 鍋子加熱，轉小火，放入奶油融化，放入作法②的蘑菇炒香，分次並輕輕撒入麵粉，邊加邊攪拌，讓奶油和麵粉混合成細砂狀，再慢慢分次加入鮮奶，一樣邊加邊攪拌，煮成稀稀的白醬。

4 加入作法①的肉丸，加鹽和黑胡椒粉調味，小火滾煮3分鐘後放入作法②的通心粉，放入起司片，將起司片煮到融化即完成。

PORK 14

味噌高麗菜炒肉丸

材料 2人份

基礎肉丸 · 8 顆

高麗菜 · 100 公克

紅蘿蔔 · 20 公克

A
味噌 · 10 公克
豆瓣醬 · 10 公克
醬油 · 15ml
米酒 · 30ml
二砂糖 · 10 公克

薑絲 · 5 公克

作法

1 從冷凍庫取出肉丸後退冰至室溫。

2 高麗菜和紅蘿蔔洗淨後切段及切片。將［A］調勻備用。

3 鍋子加熱，加油，放入薑絲爆香，再放入作法①的肉丸拌炒。

4 加入作法②的高麗菜和紅蘿蔔，再淋入作法②的［A］，蓋上鍋蓋悶煮3分鐘。

5 開蓋後炒勻即完成。

PORK 15

肉丸生菜沙拉

材料 2人份

基礎肉丸·6 顆

生菜·70 公克

紫洋蔥·1/2 顆

蘋果·1/2 顆

A | 巴薩米克醋·2 大匙
初榨橄欖油·1 大匙
鹽·少許
黑胡椒粉·少許

作法

1 從冰箱取出肉丸後退冰至室溫，放入預熱至180度的烤箱，烤8分鐘，烤到香酥後取出。

2 蘋果切小塊後泡鹽水（分量外）5分鐘，瀝乾。紫洋蔥洗淨後切絲。將 [A] 調勻。

3 生菜洗淨後瀝乾，放入盤中，放入作法②的蘋果和紫洋蔥，以及作法①烤好的肉丸，最後淋上調好的 [A] 即完成。

肉丸香菇蘿蔔湯

材料 2人份

基礎肉丸・10 顆

鮮香菇・3 朵

白蘿蔔・180 公克

高湯或水・2000ml

鹽・3 小匙

白胡椒粉・1 小匙

香菜・少許

作法

1 從冰箱取出肉丸後退冰至室溫。

2 白蘿蔔洗淨後削皮切塊。

3 湯鍋內放入高湯或水，放入作法②的白蘿蔔和鮮香菇，將湯煮滾後轉小火煮20分鐘。

4 放入作法①的肉丸，加鹽和白胡椒粉調味，滾煮10分鐘後關火，撒上香菜即完成。

┌─ PORK 17 ─┐

肉丸白菜滷

材料 2人份

基礎肉丸．12 顆

乾香菇．4 朵

蝦乾．20 公克

白菜．300 公克

紅蘿蔔．1/3 根

薑片．3 片

高湯．700ml

鹽．2 小匙

白胡椒粉．1 小匙

作法

1 從冰箱取出肉丸後退冰至室溫。

2 蝦乾和乾香菇泡水20分鐘，取出後香菇切絲，香菇水留著備用。

3 白菜洗淨後切段，紅蘿蔔切片。

4 湯鍋加熱，加油，放入薑片爆香，放入作法②的蝦乾和香菇炒香。

5 放入作法③的紅蘿蔔和白菜，加入作法②的香菇水和高湯蓋過白菜，加鹽和白胡椒粉調味，最上層放入作法①的肉丸，蓋上鍋蓋。

6 煮滾後，轉小火滾煮10分鐘即完成。

PORK · 18

茄汁肉丸

材料 4人份

義式番茄罐頭·1罐

番茄·1顆

洋蔥·1顆

大蒜·3瓣

豬絞肉·250公克

牛絞肉·250公克

A | 鹽·1小匙
  | 糖·1小匙

蛋·1顆

太白粉·2大匙

橄欖油·1大匙

作法

1 番茄切小丁，洋蔥切小丁，大蒜切片。

2 鑄鐵鍋加熱，加橄欖油，放入大蒜爆香，加入作法①的一半洋蔥丁炒軟（圖1），再加入番茄丁拌炒，放入整罐番茄罐頭（圖2），煮滾後轉小火，備用。

3 將牛絞肉和豬絞肉放入料理盆，加入[A]，用手將肉拌勻至產生黏度（請參見p.57）。

4 在作法③中加入剩餘一半的洋蔥丁、蛋液、橄欖油和太白粉，拌勻。

5 取適量的作法④，用湯匙或手捏出大約半個手掌大小的肉丸（圖3），捏好後放入作法②的番茄湯裡。持續用小火滾煮10分鐘即完成。

Point

市售義式番茄罐頭已經加了各種香料，且番茄也打成泥狀，可以多加利用，節省備料與料理的時間。

1

2

3

延伸料理

>> 茄汁肉丸義大利麵

1人份

主材料：茄汁肉丸5顆

義大利麵·50公克

作法

a 義大利麵依包裝指示煮熟。

b 將作法ⓐ放入盤中，淋上茄汁肉丸即完成。

PORK 19

地瓜肉丸

材料 4人份

地瓜 · 100 公克

豬絞肉 · 400 公克

A
| 鹽 · 1 小匙
| 白胡椒粉 · 1 小匙
| 醬油 · 1 小匙
| 蒜末 · 1 小匙

作法

1 地瓜洗淨後削皮，切成塊狀，放入電鍋內蒸熟，蒸好後將多餘的水分倒出，趁熱將地瓜壓成泥狀。

2 絞肉放入料理盆，加入 [A]，用手將肉拌勻至產生黏度（請參見p.57）。

3 加入作法①的地瓜泥（圖1），用手拌勻後取適量捏成圓球狀（圖2、3）。

4 起油鍋，油溫升高至180度時將作法③的地瓜肉丸輕輕放入，肉丸表面變色後轉小火，再慢慢炸熟即完成（圖4）。

Point

地瓜可用芋頭、馬鈴薯或南瓜代替。

1

2

3

4

PORK 20

椰漿咖哩羊肉丸

材料 4人份

豬絞肉 · 250 公克

羊絞肉 · 250 公克

A | 鹽 · 1 小匙
　| 白胡椒粉 · 1 小匙

蛋 · 1 顆

太白粉 · 1 大匙

孜然粉 · 2 小匙

椰奶 · 250ml

咖哩塊 · 20 公克

作法

1　將豬絞肉和羊絞肉放入料理盆中，加入調味料［A］，用手將肉捏勻或是利用甩的動作讓肉Q彈。（請參見p.57）

2　在作法①中加入蛋、太白粉和孜然粉，用手攪拌均勻，將拌好的絞肉捏成一口大小。

3　平底鍋加熱，加油，放入作法②捏好的肉丸（圖1），輕輕翻動，煎到表面金黃。

4　倒入椰奶（圖2），小火滾煮5～7分鐘，再將咖哩塊切碎後放入（圖3），煮到咖哩塊融化且湯汁變濃稠即完成（圖4）。

Point

煮好後關火靜置30～60分鐘，讓咖哩入味會更好吃。

1　　　　　2

3　　　　　4

Pork Recipe

3

\ 大家都愛 /

漢堡排（肉餅）料理

漢堡排是小朋友喜歡的餐點，也是很多新手媽媽想學習的料理。除了經典款的漢堡排，我自己很喜歡絞肉加入其他食材，捏成類似漢堡排的圓餅狀，做成各種風味的肉餅，口味多元，帶便當也非常適合。

漢堡排（肉餅）料理 Q & A

Q 豬肉漢堡排煮熟後較硬，可以如何改善？

漢堡排（肉餅）體積較肉丸大，用到的絞肉也較多，加熱後吃起來會又硬又柴，因此建議選用有多一點油脂的絞肉，或是加入其他食材調和，例如麵包粉、豆腐或蔬菜等。而牛絞肉油脂較多，則不需再加入其他食材，純牛肉漢堡排也可以不用煎到全熟，加熱時間縮短，牛肉漢堡排口感較不易乾柴。

Q 為何漢堡排中間要捏凹？

絞肉類的食物內含較多空氣，熱度傳導較差，漢堡排又大又厚，加熱時外圍的溫度會比中心高，導致外層熟了中間還是生的。另外漢堡排也會因為加熱後蛋白質收縮讓中間膨脹凸起，因此將中央捏凹既可讓中心較快熟透，也可防止凸起。

Q 可以做成冷凍備用嗎？

漢堡排（肉餅）二次加熱容易乾柴，因此不建議像肉丸一樣，先做好冷凍起來。如果想節省下次料理的時間，可以先將半成品做好，也就是將絞肉調味好後分批冷凍，使用的時候退冰，用手再次將肉拌勻、整形再烹煮，這樣就能讓漢堡排（肉餅）依舊鮮嫩多汁。

基礎漢堡排

材料 **2人份**

牛絞肉 · 250 公克

豬絞肉 · 200 公克

A 麵包粉 · 2 大匙
鮮奶 · 2 大匙

洋蔥 · 1/2 顆

蛋 · 1 顆

鹽 · 1 小匙

黑胡椒粉 · 1 小匙

綠花椰菜 · 60 公克

紅酒或水 · 50ml

醬汁

B 奶油 · 15 公克
番茄醬 · 2 大匙
伍斯特醬 · 1 大匙

作法

1 將 [A] 混合拌勻，洋蔥切碎。

2 將牛絞肉、豬絞肉和蛋放入料理盆中，加鹽和黑胡椒粉調味，加入作法①的 [A] 和洋蔥。用手拌勻後取適量在兩手間拍打，最後捏成圓形，中間稍微捏凹。（圖1、2、3）

3 平底鍋加熱，開大火，加油，油熱了之後將作法②放入，轉小火，約3分鐘後翻面，煎2分鐘，倒入紅酒或水，蓋上鍋蓋煎4～5分鐘，煎至漢堡排熟了即可（圖4）。綠花椰菜或其他配菜可以在此步驟同時放入煎熟（圖5）。

4 作法③的漢堡排取出後，加入 [B] 至平底鍋內與剩餘肉汁均勻混合，即完成醬汁。

Point

更多漢堡排醬汁配方（適量肉汁混合以下調味料）

▲奶油10公克＋番茄醬20ml ▲美乃滋15公克＋芥末5公克

▲白味噌5公克＋糖1小匙 ▲蘿蔔泥1大匙＋水果醋30ml

1

2

3

4

5

豆腐漢堡排

材料 2人份

牛絞肉・250 公克

豬絞肉・250 公克

板豆腐・100 公克

洋蔥・1 顆

蛋・1 顆

鹽・1 小匙

黑胡椒粉・1 小匙

芥蘭菜・80 公克

紅椒・50 公克

白酒或水・適量

A 奶油・15 公克
醬油・1 大匙
糖・1 小匙

作法

1　洋蔥切碎。芥蘭菜分切小朵，洗淨。紅椒切塊。將豆腐放入淺盤中，上層鋪廚房紙巾，再放上一個平盤，再壓上重物，靜置20～30分鐘，讓豆腐的水分盡量釋出。

2　牛絞肉和豬絞肉放入料理盆，加入鹽和黑胡椒粉，用手拌勻，讓肉產生黏性。

3　將作法①的豆腐捏碎（圖1），與作法①的洋蔥和蛋一起加入作法②，拌勻（圖2）。

4　取適量作法③在兩手間拍打，最後捏成圓餅狀，中間稍微輕壓出凹洞。

5　平底鍋加熱，加油，開中火，放入作法④的漢堡排，煎到變色後再翻面，放入作法①的芥蘭菜和紅椒，淋上白酒或水，蓋上鍋蓋，以中火持續加熱5分鐘，煎熟後取出。

6　漢堡排取出後，[A] 倒入鍋中與剩餘醬汁混合，即完成漢堡排醬。

7　將作法⑥的醬汁淋在作法⑤的漢堡排上即完成。

1

2

蝦仁肉餅

材料 `2人份`

豬絞肉・350 公克

蝦仁・150 公克

菠菜・30 公克

蛋・1 顆

鹽・2 小匙

白胡椒粉・1 小匙

作法

1 蝦仁切碎（圖1、2），菠菜洗淨切末。

2 將豬絞肉放入料理盆中，加入鹽和白胡椒粉調味，用手將肉捏勻或是利用甩的動作讓肉Q彈。

3 將蛋和作法①的蝦仁、菠菜加入作法②，用手拌勻。

4 取適量作法③在兩手間互甩，最後捏成圓餅狀。

5 平底鍋加熱，加油，油熱了之後輕輕放入作法④的漢堡排，煎3～4分鐘後翻面，蓋上鍋蓋，繼續煎4～5分鐘即完成。（若覺得太乾怕焦掉，可以在鍋內加一點米酒或水，再蓋上鍋蓋讓肉餅悶熟。）

Point

蝦仁吃起來口感爽脆，可以將一半蝦仁切小塊，另一半蝦仁剁成泥。

1

2

PORK 24

四季豆肉餅

材料 2人份

豬絞肉・200 公克

四季豆・60 公克

蒜・5 公克

鹽・2 小匙

白胡椒粉・1 小匙

香油・1/2 大匙

蛋・1 顆

作法

1　四季豆洗淨切小段，大蒜切碎末。

2　將豬絞肉放入料理盆，加入鹽、白胡椒粉和香油調味，用手將肉捏勻或是利用甩的動作讓肉Q彈。

3　將蛋和作法①的四季豆、蒜末加入作法②，用手拌勻。

4　取適量的作法③在兩手間互甩，最後捏成圓餅狀。

5　平底鍋加熱，加油，油熱了之後輕輕放入作法④的漢堡排，煎3～4分鐘後翻面，蓋上鍋蓋，繼續煎4～5分鐘即完成。（若覺得太乾怕焦掉，可以在鍋內加一點米酒或水，再蓋上鍋蓋讓肉餅悶熟。）

Point

可以將四季豆改成其他食材，就能做出各種不同的變化口味，如芋頭、馬鈴薯、酸豇豆等也非常適合。

1

2

3

延伸料理

>> 地瓜肉餅

2人份

材料同上

作法

作法與「四季豆肉餅」相同，只要將四季豆改成地瓜即可。（參見步驟圖1、2、3）。

蓮藕肉餅

材料 **2人份**

蓮藕 · 120 公克
（輪切成 8 片）

豬絞肉 · 300 公克

鹽 · 1 小匙

白胡椒粉 · 1 小匙

水 · 1 大匙

蔥花 · 1 大匙

麵粉 · 適量

A
|醬油 · 2 大匙
|米酒 · 2 大匙
|二砂糖 · 1 小匙
|薑末 · 10 公克
|白胡椒粉 · 1 小匙

作法

1 將豬絞肉放入料理盆，加入鹽、白胡椒粉、水，用手抓勻，再加入蔥花拌勻。

2 蓮藕洗淨後削皮，輪切成片狀，每片約0.3公分厚。

3 蓮藕表面沾裹麵粉（圖1），再取適量作法①覆蓋在蓮藕上（圖2），肉要比蓮藕的面積大一點（圖3）。

4 平底鍋加熱，加油，油熱了之後放入作法③的蓮藕（肉的那面朝下），肉煎到金黃之後翻面。

5 淋入 ［**A**］，蓋上鍋蓋，當醬汁被肉餅吸附後即完成。

Point

蓮藕和絞肉的結合還有以下兩種方式：

① 在兩片蓮藕中間夾上絞肉再煎（圖4）。

② 將剩餘或不完整的蓮藕切碎，和絞肉混合後再煎（圖5-6）。

1

2

3

4

5

6

PORK 26

秋葵 & 金針菇肉餅

材料 **2人份**

金針菇・20 公克

秋葵・6 根

豬絞肉・150 公克

太白粉・1 大匙

蛋黃・1 顆

鹽・1 小匙

白胡椒粉・1 小匙

麵粉・1/2 大匙

A
| 醬油・1 大匙
| 二砂糖・1/2 大匙
| 米酒・1 大匙

作法

1 豬絞肉放在砧板上，用刀來回剁數次斷筋，再放入料理盆中，加入蛋黃、鹽、白胡椒粉和太白粉拌勻。

2 秋葵洗淨後擦乾，將蒂頭削成尖狀，表面沾裹薄薄一層麵粉，取適量作法①的絞肉將秋葵包起（圖1、2、3），再沾裹一層麵粉。

3 金針菇切除尾端後，撥成小束（約3～5株為一束），表面沾裹薄薄一層麵粉，取適量作法①的絞肉將金針菇包起（圖4、5、6），再沾裹一層麵粉。

4 平底鍋加熱，加油，油熱了之後放入作法②和③，煎1～2分鐘後輕輕翻面，煎到表面金黃。

5 倒入［A］，當肉餅均勻吸附醬汁即完成。

Point

在這道料理中秋葵不需先燙過，因為加熱時間夠久且溫度夠熱，足以將秋葵煮熟。秋葵若過度烹煮會太軟，內部黏液流出會影響口感。除了秋葵和金針菇，也能用其他蔬菜代替，不過蔬菜本身水分含量較高，因此在裹上絞肉前後都要裹粉，才能在烹煮過程不散開。

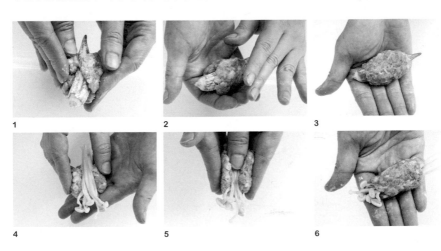

1

2

3

4

5

6

Pork Recipe

4

\\ 填好填滿 /

鑲肉料理

鑲肉料理是利用食材可包覆的特性,將絞肉填入或包覆,在料理時就不用擔心絞肉會散開,同時也能讓食物有更多變化。這種烹煮方式除了外型美觀,也適合帶便當。

鑲肉料理 Q & A

Q

什麼樣的食材適合製作鑲肉料理?

- 只要外型有容器般形狀或是可挖空的食材,可以承裝絞肉,不怕因烹煮後散開或流出,都能用來做鑲肉料理,如青椒、番茄、油豆腐等。

- 其他如大黃瓜或苦瓜,因內囊與籽挖出後會形成沒有底的中空情況,內餡的絞肉則可以加入一些魚漿增加黏度,烹煮後絞肉較不會滑出。

- 選擇的同時也要考慮裝填的食材是否適合久煮,以免烹調後內部的肉還沒熟,外部的食材已經軟爛坍塌或焦黃。

Q

鑲肉的時候,需要將肉填滿嗎?

因為肉加熱後會縮,在做鑲肉料理時要盡量將肉填滿,甚至要超過當容器的食材,如此加熱後外型才會更加完整。

Q

填入的肉會不會煮不熟?

如果擔心肉不熟,除了增加加熱的時間外,也可以先將絞肉炒熟,再填入食材中。另外請盡量用容量較小的食材,如選用較小顆的青椒或彩椒。

PORK 27

櫛瓜鑲肉

材料 2人份

櫛瓜·2條

豬絞肉·80公克

鮮香菇·10公克

鹽·1小匙

白胡椒·1小匙

麵粉·適量

起司絲·適量

作法

1 香菇切碎（圖1）。

2 豬絞肉放入料理盆，加鹽和白胡椒粉調味，用手將肉拌勻至產生黏度。（請參見p.57）

3 在作法②中放入作法①的香菇，用手拌勻。

4 櫛瓜縱切，用湯匙將中間白囊部分刮除（圖2），撒上一層薄薄的麵粉（圖3）。

5 取適量作法③填入作法④的櫛瓜裡，填入時要盡量將絞肉中的空氣擠出（圖4）。

6 將鑲好的櫛瓜放在烤盤上，表面抹油（圖5），送入已預熱至200度的烤箱，烤10分鐘。

7 取出作法⑥，在表面撒上起司絲，再次送入烤箱，烤到起司融化即完成。

1

2

3

4

5

彩椒鑲肉

PORK 28

材料 **2人份**

彩椒・2 顆（小）

雞絞肉・300 公克

蛋・1 顆

麵粉・適量

起司絲・30 公克

蔥花・1 大匙

A
蒜泥・1/2 大匙
醬油・1/2 大匙
鹽・1 小匙
白胡椒粉・少許

作法

1 雞絞肉用刀剁到有黏性，放入料理盆內，打入蛋，加入［A］調味，加入蔥花，用手確實拌勻。

2 彩椒洗淨後橫切，將籽去除（圖1），內部輕輕撒上一層麵粉。

3 在作法②填入作法①的絞肉，最上方鋪起司絲（圖2）。

4 放入已預熱至200度的烤箱，烤12～15分鐘即完成。

Point

如果買到的彩椒太大，可以將彩椒輪切，每片約1公分寬，中間填入絞肉（圖3、4），一樣可以放入烤箱烤熟。或是將肉填好後直接放入平底鍋煎熟。

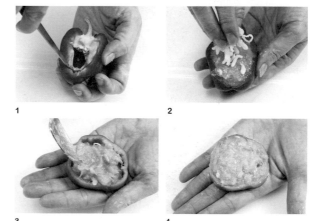

1

2

3

4

翡翠椒鑲肉

材料 2人份

翡翠椒・8 條

豬絞肉・200 公克

蔥・2 根

鹽・1 小匙

A
醬油・1/2 大匙
米酒・1/2 大匙
二砂糖・2 小匙

作法

1 絞肉放入料理盆，加入鹽後用手將肉拌勻至產生黏度。（請參見p.57）

2 蔥切末，加入作法①，拌勻後備用。

3 翡翠椒洗淨後去除蒂頭，用筷子將裡面的囊去除，將籽剔出（圖1）。

4 將作法②的絞肉用筷子慢慢擠入翡翠椒中填滿（圖2）。

5 平底鍋加熱，加油，放入作法④，煎到表面金黃後，倒入醬汁［A］（圖3），蓋上鍋蓋，悶熟。

6 打開蓋子，收汁至濃稠即完成（圖4）。

Point

翡翠椒的辣度較高，雖然已經去籽，但還是有麻辣感。如果怕辣，可以用羊角椒或糯米椒來完成這道料理。

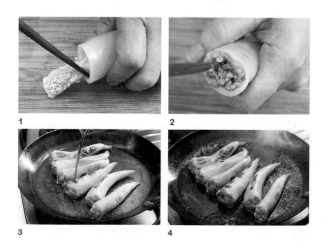

1   2

3   4

番茄鑲肉

材料 2人份

牛番茄‧2顆
豬絞肉‧60公克
起司絲‧60公克
鹽‧1小匙
黑胡椒粉‧1小匙

作法

1 牛番茄洗淨後擦乾,將上方約1.5公分切開,挖出內部的內囊(圖1),放在砧板上用刀切碎。

2 絞肉放入料理盆,加入作法①的內囊、鹽、黑胡椒粉和起司絲(圖2),拌勻,填入已挖空的番茄內(圖3)。

3 送入已預熱200度的烤箱,烤20分鐘即完成。

1

2

3

PORK 31

竹輪鑲肉

材料 2人份

竹輪‧6 根
豬絞肉‧60 公克
雞高湯‧800ml
綠花椰菜‧40 公克
白蘿蔔‧40 公克
紅蘿蔔‧40 公克
鮮香菇‧2 朵
高麗菜‧30 公克
鹽‧2 小匙

作法

1 綠花椰菜洗淨切小朵。紅、白蘿蔔洗淨後削皮切塊。高麗菜洗淨後切小片。香菇對切。

2 將作法①的食材整齊擺入湯鍋中，倒入雞高湯，加入鹽，開火煮到滾，轉小火維持小滾的狀態。

3 絞肉放在砧板上，用刀來回剁數次，輕輕塞入竹輪內。

4 將作法③塞好絞肉的竹輪放入作法②的湯鍋內，煮10分鐘，讓竹輪內的肉熟透即完成。

豆皮鑲肉

材料 2人份

豆皮‧4 片
豬絞肉‧120 公克
紅蘿蔔‧20 公克
綠花椰菜梗‧20 公克
鹽‧1 小匙
白胡椒粉‧1 小匙
香油‧2 小匙

作法

1 紅蘿蔔和綠花椰菜梗（圖1）清洗削皮後切成小丁。

2 豬絞肉放入料理盆，加入鹽、白胡椒粉及香油調味，再拌入作法①的紅蘿蔔丁和綠花椰菜梗拌勻。

3 用筷子在豆皮上來回滾數次（圖2），讓豆皮比較好打開，用刀將豆皮一邊切開（圖3），填入作法②，壓平（圖4、5）。

4 平底鍋加熱，加油，放入填好的作法③，用鍋鏟稍微壓一下（圖6），煎熟即完成（圖7）。或是再加點水悶煮一下。（圖8、9）

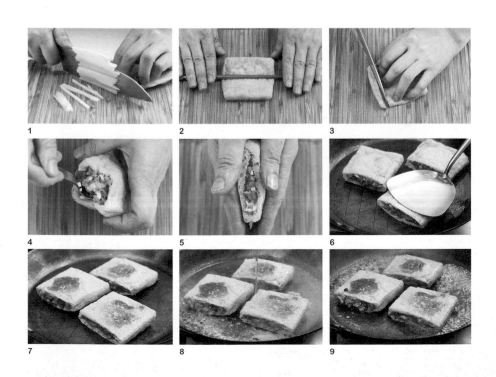

油豆腐鑲肉

材料 2人份

油豆腐·8個

豬絞肉·150公克

蝦米·5公克

鹽·1小匙

白胡椒粉·1小匙

大蒜·3瓣

青蔥·1根

醬油·30ml

米酒·30ml

水·500ml

作法

1 湯鍋加油，放入大蒜和青蔥炒香，加入醬油、米酒和水，煮到滾後轉小火，即完成滷汁。

2 蝦米泡水20分鐘，泡好後取出瀝乾，切碎。

3 油豆腐切開（圖1），用小刀或湯匙將中間的豆腐挖出（圖2），小心不要把外皮挖破，取出的豆腐備用。

4 將絞肉用刀子來回剁數次斷筋，放入料理盆中，加入鹽和白胡椒粉調味，再放入作法②的蝦米和作法③挖出的豆腐，拌勻。

5 將作法④拌好的絞肉填入作法③的油豆腐（圖3），肉要蓋過切口完整包覆（圖4）。

6 平底鍋加熱，加油，將作法⑤的肉面朝下先煎（圖5），約3分鐘後翻面（圖6），表面煎到金黃後直接放入作法①的滷汁裡，小火滾煮10分鐘即完成。

Point

若是用三角豆腐鑲肉，可以斜切或是用剪刀剪開。

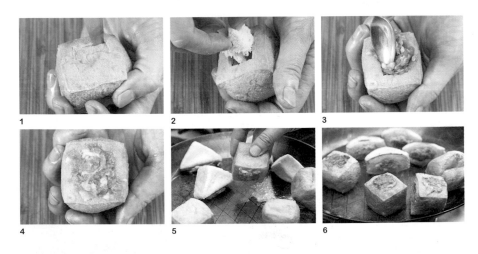

1   2   3

4   5   6

PORK 34

吐司鑲肉

材料 2人份

厚片吐司・2 片

豬絞肉・120 公克

鯛魚排・40 公克

洋蔥・1/2 顆

大蒜・3 瓣

鹽・1 小匙

白胡椒粉・1 小匙

起司絲・10 公克

作法

1 厚片吐司切成四等分（圖1），每等分中間用剪刀剪成一個凹洞（圖2）。

2 洋蔥和大蒜切碎。

3 鯛魚切碎。豬絞肉在砧板用刀來回剁數次。

4 作法③的魚肉和豬絞肉放入料理盆，加入起司絲、作法②的洋蔥和大蒜、鹽和白胡椒粉，用手捏勻，填入作法①的吐司裡。（圖3、4）

5 平底鍋加熱，加油，油熱了之後將作法④肉面朝下先煎（圖5），煎到金黃後再煎其他面（圖6），注意火不要太大，必要時可蓋上鍋蓋將肉悶熟。

Point

吐司煎太久容易焦黑，建議做這道吐司鑲肉時，肉不要填太多，縮短煎熟的時間，避免吐司焦黑。

1　　　　　2　　　　　3

4　　　　　5　　　　　6

PORK 35

大黃瓜鑲肉 & 大黃瓜雞湯

材料 **2人份**

雞肉 · 400 公克

大黃瓜 · 2 條

豬絞肉 · 180 公克

魚漿 · 60 公克

蝦米 · 5 公克

乾干貝 · 20 公克

香菇 · 2 朵

紅蘿蔔 · 1/3 根

A	鹽 · 1 小匙
	糖 · 1 小匙
	醬油 · 1/2 大匙
	白胡椒粉 · 少許
	薑末 · 1 小匙
	香油 · 1 大匙

作法

1 取一湯鍋，加水，放入雞肉，加鹽調味，煮滾後轉小火備用。

2 蝦米、干貝泡水20分鐘後取出瀝乾，蝦米切末，干貝撥成絲狀。紅蘿蔔削皮切末、香菇切末。

3 將作法②、豬絞肉、魚漿和 [**A**] 放入料理盆，用手拌勻後靜置備用（圖1）。

4 大黃瓜洗淨後削皮，每段切成約3公分輪狀（圖2）。用湯匙將內部的囊籽挖出，填入作法③（圖3）。將剩下的大黃瓜切塊，放入作法①的湯裡（圖4）。

5 將填好絞肉的作法④放入蒸籠，撒上干貝絲（圖5）。

6 將作法⑤的蒸籠架在作法①的湯鍋上，蓋上蒸籠蓋（圖6），轉中火，利用湯的水氣將大黃瓜鑲肉蒸熟，就同時可完成兩道料理。

白豆腐鑲肉

材料 2人份

白豆腐・250 公克

豬絞肉・60 公克

蝦仁・9 隻

鹽・1 小匙

白胡椒粉・1 小匙

醬油・1 大匙

蔥花・1 大匙

作法

1 豆腐切成約3公分正方體，正中間用湯匙挖一個小洞，小心不要將豆腐周圍挖破（圖1、2）。

2 將取出的豆腐放入料理盆內，加入絞肉、鹽、白胡椒粉，用手拌勻（圖3）。

3 將作法②填入作法①中（圖4），上方再擺上蝦仁（圖5、6），小心放入盤中。電鍋外鍋加一杯水或蒸20分鐘。

4 蒸好取出，淋上醬油，撒上蔥花即完成。

Point

豆腐本身非常細緻軟嫩，因此在挖洞時要特別小心，不要挖壞了。

挖出來的豆腐不要丟棄，和絞肉拌勻，蒸好後口感非常好。

\ 不怕失敗 /

肉末料理

我常常開玩笑說「大不了炒成肉末料理，一樣很好吃」。這句話是為了鼓勵做不好肉丸或漢堡排的人，事實上確實如此，絞肉直接拿來料理真的快速又方便，這是絞肉料理中最簡易、也最快上手的。

肉末料理 Q & A

Q

哪種部位適合做絞肉料理？

· 建議用油脂多的部位，炒的時候就可以不用放油，蒸過之後也不會太澀，可以使用梅花絞肉或添加適量五花肉。

· 盡量選擇粗絞不要細絞，才不會因溫度過高而影響肉質。

Q

拌炒肉末時如何不結塊？

炒絞肉的時候，肉常常會變一整團，這時可以用鍋鏟將肉壓開、壓散，避免絞肉結成一塊，這樣能快速將肉炒熟，減少加熱時間，也能在放入調味料之後較容易入味。

芋頭肉末

材料 2人份

乾香菇・3 朵
蒜末・1 大匙
芋頭・150 公克
豬絞肉・150 公克

A
 高湯・300ml
 醬油・1 大匙
 糖・1 小匙
 白胡椒粉・適量
蔥花・2 大匙

作法

1 香菇泡水30分鐘，切成小段或細絲。芋頭洗淨削皮後切小丁。

2 平底鍋加熱，加油，油熱了之後將作法①的芋頭放入，轉小火，讓芋頭煎炸到酥脆後取出備用。

3 豬絞肉放入作法②的鍋中，炒到半熟，放入作法①的香菇和蒜末，以及作法②的芋頭，加入 [A] 煮到收汁，起鍋前撒入蔥花就完成了。

Point

芋頭削皮時請記得戴手套，避免皮膚直接接觸芋頭而發癢。

PORK 38

秋葵玉米炒肉末

材料 2人份

豬絞肉・100 公克

秋葵・5 根

生玉米粒・30 公克

蒜末・5 公克

鹽・2 小匙

二砂糖・1 小匙

作法

1 秋葵洗淨後切小段。

2 平底鍋加熱,加油,放入豬絞肉炒開,炒至七分熟時加入蒜末、鹽、二砂糖拌炒。

3 再加入作法①的秋葵和玉米粒,炒勻即完成。

Point

用同樣的作法也可以變化出番茄肉末、皮蛋肉末和南瓜肉末等料理喔!

鷹嘴豆咖哩肉末

材料 2人份

豬絞肉・250 公克
鷹嘴豆・100 公克
蒜末・1 大匙
薑末・1 大匙
四季豆・40 公克
紅蘿蔔・40 公克
高湯或水・500ml
鹽・2 小匙
糖・1 小匙
咖哩粉・1 大匙

作法

1 鷹嘴豆泡水6小時或隔夜，瀝乾後放入電鍋蒸30分鐘。

2 四季豆和紅蘿蔔洗淨後切小丁。

3 平底鍋加熱，加油，放入豬絞肉炒開，加入蒜末和薑末炒至七分熟。

4 放入蒸好的作法①和做法②，加入高湯或水（要淹過食材），加入鹽和糖調味，加入咖哩粉，煮滾後轉小火，讓湯汁收到濃稠即完成。

Point
鷹嘴豆使用前請泡水至少5～6小時。若要節省時間，可購買已經煮過泡軟的罐頭裝鷹嘴豆。

PORK 40

肉末玉子燒

材料 2人份

豬絞肉（細）· 30 公克
醬油 · 2 小匙
二砂糖 · 1 小匙
薑末 · 1 小匙
紅蘿蔔絲 · 適量
蔥末 · 1 大匙
蛋 · 2 顆

作法

1 平底鍋加熱，加油，放入豬絞肉拌炒，加入薑末、醬油、二砂糖，將肉末炒熟。

2 將蛋打入碗內，打勻，加入蔥末和紅蘿蔔絲。

3 玉子燒鍋加熱，加油，輕輕倒入一層作法②的蛋液，趁蛋液未熟，放入作法①，由下往上將蛋捲起。

4 將捲好的蛋推到下方，鍋子加一點油，再倒入一層蛋液，再由下往上捲起，如此重複，直到蛋液用完。

PORK 41

螞蟻上樹

材料 **2人份**

冬粉·20 公克
香油·適量
豬絞肉·150 公克
蒜末·1 小匙
薑末·1 小匙
醬油·1 小匙
米酒·1/2 大匙
二砂糖·2 小匙
豆瓣醬·1 大匙
蔥花·1 大把

作法

1 冬粉放入滾水煮3 分鐘，煮好後撈起瀝乾放入碗中，淋一點香油拌勻。

2 鍋子加熱，將豬絞肉直接放入炒散，炒至半熟，加入蒜末和薑末拌炒。（圖1）

3 在作法②中加入二砂糖、醬油、米酒和豆瓣醬炒勻（圖2、3），慢慢收汁，讓絞肉吸附醬汁後關火。

4 將作法①的冬粉放入作法③中拌勻（圖4）， 最後撒上蔥花即完成。

Point

市面上豆瓣醬的種類很多，但大多是辣味，如果家中有小孩不吃辣，選購時請挑選不辣的豆瓣醬。

1　　　　2

3　　　　4

PORK 42

鹹蛋蒸瓜仔肉

材料 4人份

菜心罐頭·1罐
豬絞肉·300 公克
鹹蛋黃·1 顆
白胡椒粉·適量

作法

1 菜心罐頭打開,取出菜心切碎(圖1),罐頭內的醬汁留下備用。

2 豬絞肉用刀子來回剁數次斷筋,放入瓷器或耐熱器皿內。

3 加入作法①的菜心和罐頭內的醬汁1大匙,再加入白胡椒粉後拌勻,中間挖洞,放入一顆鹹蛋黃(圖2)。

4 電鍋外鍋加1杯水,放入作法③蒸熟即完成。

Point

傳統市場有些老商鋪或店家會販售自製的醬瓜,很有古早味,如果有機會遇到,記得買回來嘗試這道料理,會有令人驚喜的美味。

1

2

可樂球

材料 **2人份**

馬鈴薯 · 1 顆

牛絞肉 · 100 公克

洋蔥 · 1/2 顆

起司 · 2 片

鹽 · 2 小匙

黑胡椒粉 · 1 小匙

麵粉 · 2 大匙

蛋液 · 1 顆

麵包粉 · 2 大匙

作法

1 洋蔥切碎。馬鈴薯洗淨削皮後切塊,放入電鍋蒸軟。

2 平底鍋加熱,加油,放入作法①的洋蔥稍微拌炒,加入牛絞肉、鹽和黑胡椒粉調味,炒熟後取出備用。

3 起司片切成小塊後疊在一起,成方塊狀。

4 將作法①蒸好的馬鈴薯趁熱壓成泥狀,加入作法②拌勻(圖1)。

5 取適量作法④在手中壓平,中間放入起司塊後包起,捏成球狀(圖2)。

6 依序將捏好的可樂球沾裹麵粉、蛋液、麵包粉,用170度油炸至表面金黃即完成。

Point

除了馬鈴薯泥之外,地瓜泥也很適合。而南瓜水分較多,蒸好後可以先將多餘水分倒出,再搗成泥狀。

1

2

PORK 44

泰式松阪肉末

材料 2人份

牛番茄‧1 顆

松阪肉末‧300 公克

蒜末‧1 大匙

A
醬油‧1 大匙
二砂糖‧1/2 大匙
檸檬汁‧20ml
魚露‧1 小匙
薑泥‧1 小匙

九層塔‧10 公克

作法

1 番茄洗淨後切小丁。

2 鍋子加熱，加油，油熱了之後放入松阪肉末，用鍋鏟壓肉末，讓肉末散開（圖1）。

3 肉炒到半熟後，加入作法①的番茄丁和蒜末拌炒（圖2）。

4 倒入醬汁 [A]，一邊拌炒一邊讓肉吸附醬汁，炒到收汁（圖3）。起鍋前撒入九層塔拌勻即完成（圖4）。

Point

松阪肉價格較高，一般不會拿來做成絞肉，但松阪絞肉在炒過後Q彈可口，非常美味，有機會可以試試看喔。

花王
キュキュット
珂珂透

食器異味OUT
除菌更安心 *2

除菌 *2

砧板、海綿
除菌 *2

NEW

潔淨觸感 QQ叫

キュキュット
クリア
除菌

砧板
スポンジ　消臭　茶渋
コーヒー渋
除菌　　除渋
くすみ
落とし
緑茶の香り
食器用洗剤
Kao

キュキュット
クリア
除菌

砧板
スポンジ　消臭　茶渋
コーヒー渋
除菌　　除渋
くすみ
落とし
食器用洗剤
Kao